超级简单

减压能量餐

[法] 莱纳·克努森 著　　[法] 理查德·布坦 摄影

贾政轩 译

北京出版集团公司

北京美术摄影出版社

目　录

能量来源……………………… 4

烘焙种子和坚果……………… 7

酸醋沙司……………………… 8

早餐

椰枣雪梨粥…………………… 11

樱桃杏仁粥…………………… 13

苹果榛子粥…………………… 15

北欧面包片…………………… 17

蘑菇鸡蛋卷…………………… 19

橙子椰奶布丁………………… 21

状元元气套餐………………… 23

黑麦奇异果酸奶……………… 25

谷物干果酸奶………………… 27

南瓜香蕉薄饼………………… 29

百变水果奶昔

草莓奶昔……………………… 31

樱桃奶昔……………………… 33

奇异果奶昔…………………… 35

覆盆子奶昔…………………… 37

可可奶昔……………………… 39

牛油果菠萝奶昔……………… 41

小食

杏干谷物棒…………………… 43

无花果椰蓉能量球…………… 45

覆盆子能量球………………… 47

橙子巧克力甜品……………… 49

椰枣巧克力板………………… 51

午餐

全麦甜菜费塔奶酪拼盘……… 53

全麦胡萝卜鸡蛋拼盘………… 55

牛油果小土豆藜麦拼盘……… 57

藜麦三文鱼甘蓝拼盘………… 59

藜麦黄瓜芝麻拼盘…………… 61

牛油果胡萝卜煎土豆拼盘…… 63

干酪金枪鱼面………………… 65

熏鲭鱼面……………………… 67

菠菜咖喱糙米拌饭…………… 69

野米菜花拼盘………………… 71

西蓝花牛油果鹰嘴豆拼盘…… 73

椰乳红扁豆鸡肉拼盘………… 75

绿扁豆三文鱼小茴香拼盘·············· 77

塔布雷沙拉······················ 79

下午茶点

酱油炒谷麦······················ 81

牛油果柠檬鹰嘴豆调味酱············ 83

沙丁鱼咖喱慕斯·················· 85

百里香煎土豆···················· 87

油炸鹰嘴豆饼···················· 89

鸡蛋牛油果面包片················ 91

牛油果红萝卜面包片·············· 93

蓝莓杏仁面包片·················· 95

香蕉芝麻酱面包片················ 97

晚餐

藜麦鸡肉橙子拼盘················ 99

藜麦金枪鱼芝麻菜拼盘············ 101

大葱费塔拌野米················· 103

咖喱菠菜······················ 105

黑米甘蓝虾拼盘················· 107

糙米苹果甘蓝拼盘··············· 109

绿扁豆甜菜南瓜拼盘············· 111

蘑菇玉米粥···················· 113

鹰嘴豆三文鱼拼盘··············· 115

芦笋菜花意面·················· 117

石榴芝麻拌甘蓝················ 119

菠菜炒小土豆·················· 121

扁豆胡萝卜汤·················· 123

甜点

夏季水果沙拉·················· 125

烤水果沙拉···················· 127

菠萝布丁······················ 129

香蕉百香果布丁················ 131

香蕉橙子布丁·················· 133

椰乳奇异果布丁················ 135

巧克力夹心烤苹果·············· 137

烤菠萝························ 139

苹果香蕉泥···················· 141

配料索引······················ 142

注：本书食材图片仅为展示，不与实际所用
食材及数量相对应

能量来源

在承受压力或付出体力时，为保持良好机能，人体需要摄入多种营养物质，这些营养物质可分为以下5大类：糖分、蛋白质、脂肪、维生素和矿物质。

糖分

糖分作为大脑及肌肉能量的直接来源，是人体正常运转不可或缺的营养物质。

快糖是短时间内能量的高速搬运者。

富含快糖的食物有哪些？ 包括香蕉，干果（椰枣、无花果、葡萄干等），蜂蜜，巧克力，果泥，果汁，谷物棒，玉米，米饭，面包等。

慢糖应作为糖分摄入的首选，因为它能够在较长时间内将人体血糖维持在一个稳定的水平，并延迟饥饿感。

富含慢糖的食物有哪些？ 包括甘蓝，菠菜，谷物（黑麦、燕麦、大米等），豆类等。

蛋白质

蛋白质是人体肌肉的组成部分，其主要作用在于合成新的肌肉细胞，以及修复受损的肌肉细胞。

富含蛋白质的食物有哪些？ 包括白肉，乳制品（酸奶、奶酪等），西蓝花，奇亚子，双粒小麦，藜麦，豆类（扁豆、鹰嘴豆、大豆等），核桃，杏仁，榛子等。

脂肪

　　脂肪由于不好消化（通常需要 6~9 个小时才能完全消化），因此在无较大运动消耗时，不建议过多摄入。不过，脂肪中也含有人体自身不能产生的维生素 A、维生素 D、维生素 E，以及多种脂肪酸等人体所必需的营养物质。脂肪中含有的 OMEGA-3 脂肪酸能够有效缓解大量运动后所产生的疲劳感，能够增强记忆力，提高注意力。此外，OMEGA-3 脂肪酸在缓解焦虑和促进睡眠方面也能产生积极的作用。

　　富含脂肪的食物有哪些? 包括脂肪含量高的鱼类（三文鱼、鲭鱼、沙丁鱼等），甲壳类动物（虾等），油类植物（橄榄、核桃、油菜、亚麻等），奇亚子等。

维生素

　　维生素也是人体自身不能产生的，仅能从食物中获取的人体所必需的营养成分。由于人体对维生素的需求量很小，因此，它们也被称为"微量元素"。

　　维生素 B 有助于肌肉将营养物质转换为能量。
　　富含维生素 B 的食物有哪些? 包括谷物（燕麦、大麦、荞麦、小麦等），乳制品，鸡蛋等。

　　维生素 C 是保护人体细胞的强力抗氧化剂。
　　富含维生素 C 的食物有哪些? 包括水果（奇异果、黑加仑、杧果、木瓜、柚子、橙子、柠檬、蓝莓、草莓等），蔬菜（胡萝卜、红薯、甘蓝等），大蒜，大豆，豌豆，藜麦等。

矿物质

　　人体所需的矿物质可分为两类：微量元素（铁、锌、铜等）和大量元素（钙、钠、镁等）。其中，钠、钾、钙、镁、铁元素通常在运动过程中会随汗液流失，因此，通过食用富含这类元素的食物来补充这些元素至关重要。

　　富含矿物质的食物有哪些? 包括各类种子（亚麻子、向日葵子、芝麻子、奇亚子、南瓜子等）。

水

　　人体的正常运转同样离不开水。经常饮水以及在运动中及时补充水分，能够避免创伤、抽筋以及消化问题的发生，同时还可以使人体流失的水分得到及时补充。您知道吗，当人体流失 1% 体重的水分时，人体的脑力及运动机能将下降 30%。由此可见，补充充足的水分对人体而言非常重要。

黄金法则

◇运动前

运动前 3 个小时进食为佳。如果您在运动前较短时间内需要进食，您可以仅饮用一些果蔬汁，食用一些无糖的果泥或是干果，这些食物往往可以在较短的时间内被吸收。

◇运动中

如果您的运动时长超过 1 个小时，您可以食用一些谷物棒，饮用一些加入少量盐的果汁，以补充在运动中因流汗而损失的矿物质。如果您的运动时长在 1 个小时以内，则饮用适量的水即可。

◇运动后

为避免疲劳以及痉挛，建议在运动后摄入以下食物：
一恢复性饮料（果汁、蔬菜汁）；
一谷物（面包、面条）；
一香蕉；
一水果酸奶；
一充足的水分。

◇注意事项

咖啡、茶、甜味饮料以及汽水会导致人体失去水分。过冷的食物容易导致肠道痉挛，并且由于食用它们后，这些食物需要在体内被"再次加热"，因此会导致更多能量的无效耗散。

烘焙种子和坚果

要想补充摄入一些能量, 并调剂一些菜肴的味道, 烘烤过的种子和坚果是不二的选择。您一定会为它们松脆的口感和香醇的味道而感到惊喜。

种子和坚果的选择

依据个人口味, 可选的种子和坚果很丰富。
□ 南瓜子
□ 向日葵子
□ 芝麻子
□ 燕麦片
□ 杏仁
□ 腰果
□ 椰肉
□ 花生
□ 榛子

两种烘焙方法

□ 在平底锅中用中火烹制 4~5 分钟
□ 在烤箱中用 180℃ 的温度烘焙
　 8~10 分钟

保存

将食材置于密封瓶中保存, 时长不超过 1 周。

酸醋沙司

要想给午餐和晚餐所食用的菜肴调味，我们推荐以下 5 种简单易做的酸醋沙司。

方法

将所有原料放入 1 只小碗中搅拌均匀，然后加入盐、胡椒粉即可。

秘诀

可以大量制备一些酸醋沙司并将其放于冰箱中保存，以便于随时取用。

新鲜的香草沙司

- ☐ 2 汤匙第戎芥末酱
- ☐ 1.5 汤匙香脂醋
- ☐ 80 毫升橄榄油
- ☐ 3 汤匙切为细末的新鲜香草（小茴香、香葱）
- ☐ 1 汤匙切为细末的洋葱（红洋葱为佳，也可以是带叶子的小洋葱）
- ☐ 1 小撮盐和胡椒粉

百香果甜椒沙司

- ☐ 1.5 个百香果
- ☐ 60 毫升橄榄油
- ☐ 1 汤匙苹果醋
- ☐ 1 汤匙第戎芥末酱
- ☐ 1 小撮埃斯普莱特甜椒
- ☐ 1 汤匙槐花蜂蜜
- ☐ 1 小撮盐和胡椒粉

柠檬沙司

- ☐ 4 茶匙第戎芥末酱
- ☐ 2 汤匙苹果醋
- ☐ 60 毫升橄榄油
- ☐ 少许蒜瓣（切为小丁）
- ☐ 4 茶匙槐花蜂蜜
- ☐ 1 汤匙柠檬汁
- ☐ 1 小撮盐和胡椒粉

牛油果沙司

- ☐ 2 汤匙苹果醋
- ☐ 50 毫升橄榄油
- ☐ 1 个熟透的小牛油果（捣成泥状）
- ☐ 2 汤匙柠檬汁
- ☐ 4~5 汤匙水
- ☐ 1 小撮盐和胡椒粉

为保证沙司的柔滑度,可将混合物放在搅拌机中搅拌均匀。

甜菜沙司

- ☐ 半个烧熟（真空）的甜菜（切为小丁）
- ☐ 60 毫升橄榄油
- ☐ 2 汤匙香脂醋
- ☐ 4~5 汤匙水
- ☐ 1 小撮盐和胡椒粉

为保证沙司的柔滑度,可将混合物放在搅拌机中搅拌均匀。

椰枣雪梨粥

 5 分钟

拌匀即可

☺ 1 人份

梨半个

干椰枣 2 颗

○ 将梨洗净、去核后切为薄片，再将干椰枣切为小块，并粗切生杏仁备用。

○ 取1只空碗，在碗中倒入洗净的燕麦片、米浆、干椰枣块、梨片及切碎的生杏仁，然后撒上桂皮粉拌匀即可。

米浆 180 毫升

桂皮粉 1 小撮

○ 建议：加入少许蜂蜜口感更佳。

生杏仁 5 颗

燕麦片 70 克

樱桃杏仁粥

 5分钟

 10分钟

☺ 1人份

樱桃 8 颗

橙子半个

○ 将樱桃洗净、去核，将烤杏仁切碎，并将橙子皮洗净、切碎备用。

燕麦片 70 克

扁桃浆 200 毫升

○ 在平底煮锅中加入洗净的燕麦片、扁桃浆，煮沸，再以中火煮5~7分钟，其间用木质汤勺搅拌。

○ 将粥盛入碗中，加入樱桃，撒上切好的烤杏仁碎、橙皮碎以及蔗糖即可食用。

烤杏仁 10 颗

蔗糖 1 汤匙

苹果榛子粥

 5 分钟

 拌匀即可

 1 人份

烤榛子仁 10 颗

杏仁浆 150 毫升

○ 将苹果洗净、去核并切成细条，然后将烤榛子仁粗切成碎块备用。

○ 取1只空碗，在碗中倒入洗净的燕麦片、杏仁浆，并加入苹果细条、葡萄干和烤榛子仁碎块。

○ 最后浇上槐花蜂蜜拌匀即可。

燕麦片 100 克

葡萄干 2 汤匙

苹果半个

槐花蜂蜜 1 汤匙

北欧面包片

 5 分钟

 10 分钟

 1 人份

全麦面包 1 片

鸡蛋 2 个

西蓝花少许

杏仁片 1 汤匙

熏三文鱼 2 片

橄榄油 2 汤匙

○ 将西蓝花择成小块并洗净，然后将其放入沸腾的盐水中煮4分钟，沥干，接着加入盐及一半的橄榄油。在平底锅中用中火将杏仁片煸炒至金黄色备用。

○ 将剩余的橄榄油倒入平底锅中，把鸡蛋打入碗中，搅拌均匀后放入锅中。用中火加热，翻炒1~2分钟后，加入盐和胡椒粉出锅。

○ 将烹制好的鸡蛋放在切好的全麦面包片上，在旁边放上熏三文鱼片和西蓝花块，最后撒上炒好的杏仁片即可。

蘑菇鸡蛋卷

 5 分钟

 10 分钟

 1 人份

鸡蛋 4 个

蘑菇 10 个

○ 将蘑菇清洗干净后切为4块备用，将香葱洗净、切碎。把鸡蛋打入碗中，搅拌均匀后加入盐、胡椒粉和一半的香葱末。

香葱末 3 汤匙

橄榄油适量

○ 在平底锅中倒入少许橄榄油，放入蘑菇块，翻炒5分钟至其呈金黄色后取出，备用。倒入鸡蛋液，用大火加热2分钟。

○ 待蛋饼成型后，铺上洗净的圆叶菠菜和蘑菇块，将蛋饼对折，用文火加热2~3分钟后出锅，撒上剩余的香葱末即可食用。

圆叶菠菜 1 把

橙子椰奶布丁

 5分钟准备，6小时静置

 拌匀即可

 2人份

奇亚子 4 汤匙

椰奶 250 毫升

○ 取半个橙子的皮洗净、切碎，将奇亚子、香草精、部分橙皮碎和椰奶一起放入大碗中。

○ 充分搅拌均匀后，用保鲜膜密封，放入冰箱静置6个小时或1夜。

香草精 1 茶匙

桂皮粉 1 小撮

○ 将橙子放入布丁中，撒上桂皮粉和剩余的橙皮碎即可。

橙子 1 个

状元元气套餐

 5分钟

 10分钟

 1人份

鸡蛋1个

黑麦面包2片

○ 将香蕉去皮后切成圆片备用，然后在煮锅中加水，放入鸡蛋煮4分钟。将黑麦面包片烘烤后切成棍状。

香蕉少许

椰蓉2汤匙

○ 取1只空碗，向碗中倒入原味酸奶、切成圆片的香蕉，以及百香果的果肉。

○ 将椰蓉放在平底锅中用中火干炒几分钟，然后将其撒在碗中的水果上，再配上煮熟的鸡蛋，即可食用。

原味酸奶1杯

百香果半个

黑麦奇异果酸奶

 5 分钟

 5 分钟

 1 人份

奇异果 1 个

酸奶 1 杯

黄油 1 汤匙

黑麦面包 1 片

○ 将奇异果去皮后切成薄片备用，然后将黑麦面包切成方块，放入加有黄油及适量枫糖浆的平底锅中，用中火加热翻炒，直至黑麦面包块呈金黄色后取出，静置冷却备用。

○ 取1只空碗，向碗中倒入酸奶、切成薄片的奇异果，并加入翻炒好的黑麦面包块及少许枫糖浆即可。

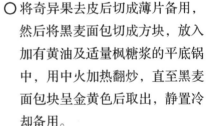

枫糖浆适量

谷物干果酸奶

 3 分钟

 3 分钟

 1 人份

香草酸奶 1 杯

燕麦片 30 克

○ 在平底锅中加入洗净并沥干水分的燕麦片，干炒3分钟后取出，静置冷却备用。

○ 将干无花果切成小丁备用。

○ 取1只空碗，向碗中倒入香草酸奶，撒上燕麦片、南瓜子、向日葵子、芝麻子，并加入干无花果丁即可。

南瓜子 1 汤匙

向日葵子 1 汤匙

芝麻子 1 汤匙

干无花果（小）4 个

南瓜香蕉薄饼

 10 分钟

 25 分钟

 5 个薄饼

鸡蛋 1 个

面粉 100 克

南瓜 300 克

香蕉 1 根

酵母粉 2 茶匙

黄油 15 克

○ 将南瓜洗净、去皮、去子，放入开水中煮15分钟后取出，沥干水后，捣成碎泥备用。

○ 将香蕉去皮后切成小圆片，并熔化10克黄油备用。

○ 将面粉和酵母粉一同筛滤，加入180克南瓜泥、熔化的黄油、鸡蛋液并充分混合。

○ 将剩余的黄油放入平底锅中熔化，倒入2大勺面糊，在上面放上4片香蕉片，每面煎2分钟左右取出。最后，浇上适量枫糖浆即可。

草莓奶昔

 5分钟准备，1小时静置

 6~8 分钟

 1人份

酸奶 1 杯

新鲜草莓 6 颗

○ 将去皮后切成小圆片的香蕉与部分洗净的新鲜草莓一同放在油纸上，然后和酸奶一起放入冰箱里，静置1个小时。

○ 将南瓜子与椰肉放入170℃的烤箱中烤6~8分钟。

奇亚子 1.5 汤匙

南瓜子 2 汤匙

○ 将酸奶、香蕉片、部分新鲜草莓从冰箱中取出并充分混合。取1只空碗，将混合后的酸奶倒入，撒上奇亚子、南瓜子、椰肉，以及剩余的切成4块的新鲜草莓即可。

香蕉 1 根

椰肉 2 汤匙

樱桃奶昔

 10 分钟准备，1 小时静置

 拌匀即可

 1 人份

稠椰乳 200 毫升

香蕉 1 根

生杏仁 10 颗

奇亚子 1 汤匙

冻樱桃 10 颗

○ 将香蕉去皮后切成小圆片放在油纸上，放入冰箱静置1个小时。将稠椰乳放在小袋中，也放入冰箱静置1个小时。

○ 将樱桃解冻并洗净，再将生杏仁粗切成小块。从冰箱中取出结晶的稠椰乳和香蕉片，将其与5颗樱桃混合。

○ 将混合物倒入1只空碗中，加入奇亚子、剩下的5颗对半切开的樱桃和生杏仁块即可。

奇异果奶昔

 10分钟准备，1 小时静置

 3分钟

 1 人份

稠椰乳 200 毫升

香蕉 1 根

○ 将稠椰乳放在小袋中，放入冰箱静置1个小时。将香蕉和1个奇异果去皮后切成圆片放在油纸上，也放入冰箱静置1个小时。

○ 将椰蓉放入平底锅中干炒后，将稠椰乳、香蕉片、奇异果片从冰箱中取出，然后混合。

○ 将混合物倒入1只空碗中，加入奇亚子以及去皮后切成小丁的剩下的半个奇异果即可。

奇亚子 1 汤匙

椰蓉 2 汤匙

奇异果 1.5 个

覆盆子奶昔

 5分钟准备，1小时静置

 拌匀即可

 1人份

稠椰乳 200 毫升

香蕉 1 根

○ 将去皮后切成小圆片的香蕉放在油纸上，并将稠椰乳放在小袋中，将它们一同放入冰箱静置1个小时。

奇亚子 1 汤匙

牛油果 1 个

○ 从冰箱中取出结晶的稠椰乳和香蕉片，将其与去皮、去核后切成小丁的牛油果混合。

○ 将混合物倒入1只空碗中，加入奇亚子、芝麻子及洗净的覆盆子即可。

覆盆子 6 颗

芝麻子 1 茶匙

可可奶昔

 5 分钟准备，1 小时静置

 拌匀即可

 1 人份

稠椰乳 200 毫升

香蕉 1 根

奇亚子 1 汤匙

无糖可可粉 3 汤匙

○ 将香蕉去皮后切成小圆片，取出 3 片备用，将剩下的部分放在油纸上，与倒入小袋中的稠椰乳一同放入冰箱，静置1个小时。

○ 将稠椰乳和香蕉片从冰箱中取出后，与无糖可可粉混合。

○ 将混合物倒入1只空碗中，加入奇亚子、3汤匙石榴子，并将余下的3片香蕉片切成小丁加入即可。

石榴 1 个

牛油果菠萝奶昔

香蕉半根

冻菠萝 140 克

 5分钟

 拌匀即可

 1人份

○ 将香蕉去皮并切成小丁，榨取柠檬汁50毫升。将牛油果去皮、去核，并将果肉切成小丁备用。

牛油果半个

奇亚子 1 茶匙

○ 将冻菠萝切成小丁，并与香蕉丁、牛油果丁一起放入搅拌机中混合。然后加入椰奶、奇亚子和柠檬汁继续搅拌，直至混合均匀。

○ 取1只大玻璃杯，将上述混合物倒入即可。

椰奶 150 毫升

柠檬 1 个

小食

杏干谷物棒

 5 分钟

 28 分钟

 10 根

燕麦片 230 克

椰油 70 克

杏干 8 颗

槐花蜂蜜 90 毫升

生杏仁 70 克

葡萄干 30 克

○ 开启烤箱，将其预热至170℃。将槐花蜂蜜和椰油倒入煮锅中使其熔化，并将杏干和生杏仁粗切成碎块备用。

○ 将洗净的燕麦片、葡萄干、杏干碎块和生杏仁碎块，以及槐花蜂蜜与椰油的混合物混合均匀。

○ 准备1个30厘米×17厘米的模子，并铺上油纸。向模子中倒入混合物至2厘米高，压实。将盛有混合物的模子放入烤箱中烘烤25分钟。

○ 取出烘烤后的混合物，将其静置冷却后切成棒状即可。制作好的谷物棒需置于密封容器中保存。

无花果椰蓉能量球

 5分钟

 6分钟

 15个

干无花果（大）10个

小粒燕麦片 3 汤匙

椰蓉 30 克

青柠檬 1 个

○ 将青柠檬的皮洗净并切碎。

○ 取1口煮锅，放入干无花果和40毫升水，煮沸6分钟，直至干无花果变软并吸收全部水分。

○ 将煮好的无花果取出，切成小丁，并将其与洗净的小粒燕麦片、青柠檬皮碎一起放入搅拌机中搅拌。

○ 将混合物做成小球，并在外面包裹一层椰蓉即可。制作好的能量球需置于密封容器中保存，最长能保存5天。

覆盆子能量球

 5 分钟

 6 分钟

☺ 13 个

干无花果（大）10 个

无糖可可粉 3 汤匙

覆盆子 6 颗

榛子仁 25 颗

小粒燕麦片 4 汤匙

○ 将覆盆子洗净备用。取 1 口煮锅，放入干无花果和 40 毫升水，煮沸 6 分钟，直至干无花果变软并吸收全部水分。

○ 将煮好的无花果取出，切成小丁，将其与洗净的小粒燕麦片、无糖可可粉和覆盆子一起放入搅拌机中搅拌。

○ 将榛子仁捣碎后放在 1 个小盘子中。将混合物做成小球，在榛子仁碎中滚一下，包裹一层榛子仁碎即可。将制作好的能量球置于密封容器中保鲜，最长能保存 4 天。

橙子巧克力甜品

 3 分钟

 3 分钟烹饪，2 小时静置

 12 个

糕点黑巧克力 200 克

燕麦片 2 汤匙

○ 将橙子的皮洗净并切碎，然后将糕点黑巧克力隔水加热至熔化。

○ 在1个平板上铺上油纸，将熔化的糕点黑巧克力液慢慢倒在平板上，形成一个个直径约4厘米的小圆片。在糕点黑巧克力圆片的中心撒上洗净的燕麦片、奇亚子和橙皮碎。

橙子 1 个

奇亚子 1.5 汤匙

○ 静置2个小时，待糕点黑巧克力凝固后，使用刮刀小心地将糕点黑巧克力取下即可。制作好的甜品需置于密封容器中，且放在阴凉处保存。

椰枣巧克力板

 5 分钟

 3 分钟烹饪，3 小时静置

 1 板

糕点黑巧克力 300 克

榛子仁 15 颗

南瓜子 30 克

干椰枣 3 颗

○ 将糕点黑巧克力用文火隔水加热至熔化，并用木勺搅拌。将榛子仁粗切成小块，然后将干椰枣切成小丁备用。

○ 取1个直径约18厘米的圆形模子，在其中铺一层油纸。将熔化的糕点黑巧克力液倒入模子中，并在上面小心地撒一层榛子仁碎块、南瓜子和干椰枣丁。

○ 静置3个小时，待糕点黑巧克力凝固后，连同油纸一起取出，并将糕点黑巧克力板切块即可。

全麦甜菜费塔奶酪拼盘

 10 分钟

 15 分钟

 1 人份

全麦 80 克

蘑菇 6 个

○ 将全麦洗净后按包装袋上的说明煮熟并沥干。

费塔奶酪（丁）12 块

生菜、菠菜等的混合菜 1 把

○ 将蘑菇洗净并切成薄片，然后将熟甜菜切丁，再将混合菜洗净备用。

○ 取 1 只空碗，放入沥干水后的全麦、混合菜、熟甜菜丁、蘑菇薄片以及费塔奶酪，最后依个人口味倒入适量酸醋沙司（参见导言部分）即可。

熟甜菜半头

橄榄油适量

全麦胡萝卜鸡蛋拼盘

 10分钟

 42~43分钟

☺ 2人份

全麦 125 克

胡萝卜（小）10 根

香葱半把

鸡蛋 2 个

黄瓜半根

橄榄油适量

○ 开启烤箱，并将其预热至180℃。将黄瓜洗净、去皮、切丁备用。然后将全麦洗净，并按包装袋上的说明煮熟。

○ 在煮全麦的同时，将胡萝卜洗净，放在平板上，浇上橄榄油，撒上盐、胡椒粉，并放入烤箱烘烤40分钟。

○ 取2只空碗，分别放入沥干水后的全麦、烤好的胡萝卜以及黄瓜丁。

○ 在平底锅中加入少许橄榄油，将鸡蛋煎2~3分钟后取出，分别放入2只碗中，撒上洗净并切好的香葱末。最后依个人口味倒入适量酸醋沙司（参见导言部分）即可。

牛油果小土豆藜麦拼盘

 10 分钟

 17 分钟

 1 人份

藜麦 80 克

小土豆 8 个

牛油果 1 个

柠檬 1 个

黄瓜少许

香菜少许

○ 将藜麦洗净后按包装袋上的说明煮熟，并将小土豆洗净后放入盐水中煮17分钟，然后沥干水分，去皮、切块备用。

○ 将黄瓜洗净、去皮后切成薄片，然后将柠檬挤好汁备用。取出牛油果肉，将其捣成碎泥，并加入1汤匙柠檬汁、盐和胡椒粉拌匀。

○ 取1只空碗，倒入沥干水后的藜麦、小土豆块、黄瓜片以及牛油果泥，并撒上洗净、切碎的香菜。最后依个人口味倒入适量酸醋沙司（参见导言部分）即可。

藜麦三文鱼甘蓝拼盘

 10分钟

 30分钟

 2人份

藜麦 100 克

紫甘蓝少许

熏三文鱼 4 片

香葱半把

○ 开启烤箱，将其预热至180℃。将藜麦洗净后按包装袋上的说明煮熟。

○ 在煮藜麦的同时，将茄子洗净并切成块后放在平板上，浇上适量橄榄油，撒上盐、胡椒粉，放入烤箱烘烤30分钟。将紫甘蓝洗净、切丝备用。

○ 取2只空碗，分别放入沥干水后的藜麦、茄子块、紫甘蓝丝、熏三文鱼片，以及洗净、切碎的香葱。最后依个人口味倒入适量酸醋沙司（参见导言部分）即可。

茄子 1 个

橄榄油适量

藜麦黄瓜芝麻拼盘

 10分钟

 15分钟

☺ 1人份

藜麦 80 克

鸡蛋 1 个

○ 将藜麦洗净后按包装袋上的说明煮熟，同时将鸡蛋煮6~7分钟后取出，冷却后去壳，并对半切开。

牛油果 1 个

熟甜菜半头

○ 将黄瓜洗净、去皮后切成小丁，将牛油果对半切开并去皮、去核，将熟甜菜切成很薄的片备用。

黄瓜少许

黑芝麻子 1 茶匙

○ 取1只空碗，放入沥干水后的藜麦、黄瓜丁、鸡蛋、对半切开的牛油果、熟甜菜片以及黑芝麻子。最后依个人口味倒入适量酸醋沙司（参见导言部分）即可。

牛油果胡萝卜煎土豆拼盘

 10分钟

 10分钟

 1人份

土豆（大）1个

牛油果1个

生菜1棵

芝麻子2汤匙

胡萝卜2根

橄榄油适量

○ 将土豆和胡萝卜洗净、去皮后擦丝。取土豆丝和1/3的胡萝卜丝在纱布中挤干水分，加入盐和胡椒粉。

○ 将土豆丝与胡萝卜丝的混合物做成小饼。在平底锅中倒入适量的橄榄油，将小饼放入，每面煎4分钟左右取出，制成胡萝卜土豆丝饼。

○ 将芝麻子炒熟，再将牛油果对半切开并去皮、去核。

○ 取1只空碗，将煎好的胡萝卜土豆丝饼、炒熟的芝麻子、处理好的牛油果、剩余的胡萝卜丝及洗净的生菜叶放入碗中。最后依个人口味倒入适量酸醋沙司（参见导言部分）即可。

干酪金枪鱼面

 10分钟

 12分钟

☺ 1人份

猫耳朵面 100 克

番茄（大）3 个

○ 将猫耳朵面按包装袋上的说明煮熟备用。

罗勒叶 10 片

刺山柑花蕾 2 汤匙

○ 在煮猫耳朵面的同时，将番茄洗净，在其表面切十字口后，将其放入沸水中煮30秒，然后去皮并切块。

○ 在煮锅中放入粗切成块的番茄、野生金枪鱼、1汤匙刺山柑花蕾，以及几片洗净、切碎的罗勒叶，加盐和胡椒粉后煮10分钟，做成番茄酱。

野生金枪鱼罐头半盒

意大利乳清干酪 2 汤匙

○ 取1只空碗，倒入沥干水后的猫耳朵面和煮好的番茄酱，并加入剩余的刺山柑花蕾、洗净并切碎的罗勒叶、意大利乳清干酪即可。

熏鲭鱼面

 10分钟

 12分钟

 1人份

螺旋面 100 克

红椒半个

○ 将螺旋面按包装袋上的说明煮熟备用。

○ 将千禧果洗净，并切成4瓣备用。将红椒洗净后切成细条，然后将罗勒叶洗净、切碎备用。

罗勒叶 8 片

熏鲭鱼肉 1 块

○ 取1只空碗，倒入沥干水后的螺旋面、红椒细条、切成4瓣的千禧果、1块熏鲭鱼肉，以及切碎的罗勒叶，最后依个人口味倒入适量酸醋沙司（参见导言部分）即可。

千禧果 12 颗

菠菜咖喱糙米拌饭

 5分钟

 30分钟

 1人份

糙米 100 克

圆叶菠菜 3 把

○ 将糙米洗净后按包装袋上的说明煮熟，然后将青柠檬洗净后切成4瓣备用，并将圆叶菠菜洗净。

椰奶 150 毫升

青柠檬 1 个

○ 在煮锅中倒入橄榄油、咖喱粉，以及部分圆叶菠菜，煮4分钟，并不时搅拌。

○ 在煮锅中倒入椰奶，并加入2瓣青柠檬的汁，继续用文火煮5分钟。

咖喱粉 1 茶匙

橄榄油适量

○ 取1只空碗，放入沥干水后的糙米、剩下的圆叶菠菜和2瓣青柠檬，加入盐和胡椒粉即可。

野米菜花拼盘

 10 分钟

 45 分钟

 1 人份

野米 125 克

菜花少许

香菜少许

生菜、菠菜等的
混合菜 1 把

红椒半个

橄榄油适量

○ 将野米洗净后按包装袋上的说明煮熟，然后将红椒洗净并切成小丁备用。将混合菜清洗干净，再将香菜洗净、切碎。

○ 在煮野米的同时，将菜花择成小块并洗净，将其放入盐水中煮10分钟，沥去水后取出，放入1只空碗里，并浇上橄榄油，撒上盐备用。

○ 向碗中加入野米、混合菜叶、红椒丁，以及粗切碎的香菜即可。

西蓝花牛油果鹰嘴豆拼盘

 10 分钟

 5 分钟

 1 人份

罐装鹰嘴豆半盒

牛油果 1 个

青柠檬 1 个

香芹 4 根

西蓝花半棵

孜然粉半茶匙

○ 将西蓝花择成小块后洗净，将其放入盐水中煮5分钟，沥干水后取出，放入1只空碗中，倒入少许橄榄油，并撒上盐备用。

○ 将牛油果去皮、去核，再将果肉切成小丁备用。接着将青柠檬洗净后切成4瓣，并将鹰嘴豆取出，洗净备用。

○ 将鹰嘴豆、半个牛油果丁以及孜然粉放入碗中混合。挤出2瓣青柠檬的汁，并将柠檬汁倒入混合物中，加入盐、胡椒粉备用。

○ 取1只空碗，将混合物倒入，并加入西蓝花、剩余的牛油果丁以及切好的香芹末。最后，将做好的菜肴与剩余的2瓣青柠檬一起食用即可。

椰乳红扁豆鸡肉拼盘

 5分钟

 35分钟

 1人份

红扁豆 100 克

椰乳 200 毫升

○ 将红扁豆洗净后按照包装袋上的说明放在盐水中煮熟，沥干水备用。

红辣椒半个

大蒜 1 瓣

○ 在平底锅中放入适量橄榄油，将洗净的鸡肉放入锅中，两面各煎4分钟后取出，切成片备用。

○ 将大蒜去皮后切成薄片，并将红辣椒洗净，然后将其切成圆段备用。将椰乳、大蒜片和红辣椒段放入煮锅中煮5分钟，并加入盐和胡椒粉。

鸡肉 1 块

香菜 4 根

○ 取1只空碗，放入煮熟的红扁豆、煮好的椰乳以及鸡肉，然后撒上洗净、切好的香菜末即可。

绿扁豆三文鱼小茴香拼盘

 10 分钟

 20 分钟

 1 人份

绿扁豆 170 克

熏三文鱼 2 片

○ 将绿扁豆洗净，然后按照包装袋上的说明将其放入盛有盐水的煮锅中煮熟，沥干水备用。

○ 将红洋葱洗净、去皮后切成细丝，将榛子仁切块，将小茴香洗净、切段备用。

小茴香 4 根

榛子仁 10 颗

○ 将绿扁豆与红洋葱丝、榛子仁块和小茴香段混合。取1只空碗，放入熏三文鱼片，并倒入混合物。最后依个人口味倒入适量酸醋沙司（参见导言部分）即可。

红洋葱少许

塔布雷沙拉

 10分钟准备，10分钟浸泡

 2～3分钟

 1人份

粗粒小麦粉 90 克

番茄 1 个

香芹半把

谷物面包 1 片

黄瓜少许

橄榄油适量

○ 将粗粒小麦粉放入热水中浸泡10分钟，待其泡熟后取出，并沥干水备用。

○ 将黄瓜洗净、去皮后切成小丁，再将番茄洗净、切丁，然后将香芹洗净、切碎。取1只空碗，将黄瓜丁、番茄丁、香芹碎以及沥干水后的粗粒小麦粉放入碗中混合备用。

○ 在平底锅中倒入适量橄榄油，将谷物面包片切成小丁，然后放入锅中适当煎炒后取出，并将其加入放有蔬菜混合物的碗中。最后依个人口味倒入适量酸醋沙司（参见导言部分）即可。

酱油炒谷麦

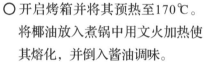
10 分钟

28 分钟

300 克

生杏仁 50 克

大粒燕麦片 100 克

○ 开启烤箱并将其预热至170℃。将椰油放入煮锅中用文火加热使其熔化，并倒入酱油调味。

椰油 40 克

芝麻子 30 克

○ 取1只空碗，放入生杏仁、洗净的大粒燕麦片、南瓜子和芝麻子，倒入椰油混合物，并仔细搅拌。

○ 在平板上铺上一层油纸，将碗中的混合物倒在平板上，放入烤箱烘烤25分钟，并不时搅拌。

○ 取出混合物，静置冷却，并切成大块即可。做好的炒谷麦需置于密封的广口瓶中保存。

南瓜子 70 克

酱油 2.5 汤匙

牛油果柠檬鹰嘴豆调味酱

 10 分钟

 拌匀即可

 1 人份

罐装鹰嘴豆 1 盒

芝麻酱 180 克

○ 将牛油果对半切开并去皮、去核，将柠檬挤汁，然后将鹰嘴豆沥干水后，洗净备用。

柠檬 1 个

孜然粉 2 茶匙

○ 将鹰嘴豆、牛油果肉、柠檬汁、芝麻酱、芝麻油、孜然粉搅拌混合成鹰嘴豆泥，并加入盐和胡椒粉调味。在混合物中加入约 100 毫升水至混合物柔滑，并依据个人口味进行调味即可。

○ 酱料可以作为薄片饼干或能生吃的食物的蘸料食用。

牛油果 1 个

芝麻油适量

沙丁鱼咖喱慕斯

 10分钟

 拌匀即可

 1人份

沙丁鱼罐头1盒

黄油20克

○ 将香葱洗净、切碎，沥去沙丁鱼的浮油，然后去掉鱼皮和鱼刺备用。

○ 将沙丁鱼肉、黄油、咖喱粉混合，并加入盐和胡椒粉调味。然后加入一部分香葱末，并充分搅拌，做成沙丁鱼慕斯。

青苹果半个

香葱6根

○ 将青苹果洗净，去核后切成小丁备用。

○ 在薄片饼干上抹上沙丁鱼慕斯，撒上剩余的香葱末，并配上青苹果丁即可食用。

咖喱粉1.5茶匙

百里香煎土豆

 15分钟

 8分钟

 8个饼

土豆2个

洋葱1头

百里香2株

橄榄油适量

鸡蛋1个

○ 将土豆和洋葱洗净、去皮并切成细丝，然后将其放在纱布中挤去水后备用。将百里香洗净，择取叶子备用。

○ 取1只空碗，倒入挤完水后的土豆丝和洋葱丝，然后放入百里香叶子和鸡蛋液，加入盐和胡椒粉调味，并充分搅拌均匀。

○ 在1口大平底锅中倒入适量的橄榄油，烧热。手工将混合物做成饼状，放入平底锅中，正反两面各煎4分钟，直至表面变成金黄色后取出，用油纸吸去浮油即可。

油炸鹰嘴豆饼

 20 分钟

 25 分钟

 13 个鹰嘴豆饼

罐装鹰嘴豆 1 小盒

香芹半把

○ 开启烤箱并将其预热至200℃。将鹰嘴豆沥干水后取出，将大蒜去皮后压碎备用。将香芹洗净并择取叶子备用。

○ 将鹰嘴豆、压碎的大蒜、孜然粉、香芹叶、盐和胡椒粉粗略地混合，得到粗粒的混合物备用。

大蒜 1 瓣

橄榄油适量

○ 小心地将混合物做成小球，用手掌轻压成椭圆状，并在每个鹰嘴豆小饼上浇上适量橄榄油。将所有的鹰嘴豆饼放在1个铺有油纸的平板上，并放入烤箱中烘烤25分钟，直到其略显金黄色为止。

孜然粉 1 汤匙

鸡蛋牛油果面包片

谷物面包 1 片

牛油果 1 个

鸡蛋 1 个

红洋葱少许

柠檬半个

小茴香 2 根

🔪 5 分钟

🍲 8 分钟

☺ 1 人份

○ 在煮锅中加水，放入鸡蛋煮 5 分钟后取出，静置冷却后，去壳、切丁备用。

○ 将切好的谷物面包片烤好，并将红洋葱洗净、去皮，然后切成细丝备用。将小茴香洗净、切段，并取半个柠檬挤汁备用。

○ 将牛油果对半切开，去皮、去核后用叉子碾碎，并加入柠檬汁混合，制成牛油果酱。

○ 将调制好的牛油果酱涂抹在谷物面包片上，放上切成小丁的鸡蛋、红洋葱丝以及小茴香段，并加入盐和胡椒粉调味即可。

牛油果红萝卜面包片

🔪 5分钟

🍲 3分钟

☺ 1人份

全麦软面包1片

牛油果1个

○ 将红萝卜洗净后切成小圆片。将牛油果对半切开，去皮、去核后切成片备用。将柠檬挤汁备用。

○ 将全麦软面包片烤好，在上面放上牛油果片、红萝卜片。

○ 最后浇上柠檬汁，撒上南瓜子、盐和胡椒粉即可。

红萝卜2个

柠檬少许

南瓜子1汤匙

蓝莓杏仁面包片

 5分钟

 3分钟

 1人份

全麦软面包 1 片

杏仁酱 50 克

○ 将蓝莓洗净，沥干水分。

○ 将全麦软面包片沿对角线切开并烤好，分别抹上较厚的一层杏仁酱。

○ 最后，在全麦软面包片涂有杏仁酱的一面放上蓝莓并撒上奇亚子即可。

奇亚子 1 茶匙

蓝莓适量

香蕉芝麻酱面包片

5 分钟

3 分钟

1 人份

全麦软面包 1 片

芝麻酱 50 克

○ 将糕点黑巧克力块擦成碎屑，并将香蕉去皮后切成小圆片备用。

○ 将全麦软面包片烤好，抹上较厚的一层芝麻酱。

○ 最后，在抹有芝麻酱的一面放上香蕉片并撒上巧克力碎屑即可。

糕点黑巧克力 2 小块

香蕉半根

藜麦鸡肉橙子拼盘

藜麦 100 克

橙子 1 个

🔪 15 分钟

🍲 15 分钟

☺ 1 人份

○ 将藜麦洗净后按照包装袋上的说明煮熟。

○ 将香葱洗净、切碎，将橙子去皮后取出果肉。取一半的橙子果肉切碎，与沥干水后的藜麦混合，并加入盐和胡椒粉调味。

鸡肉 1 块

橄榄油适量

○ 在煮藜麦的同时，将鸡肉洗净并切成小丁，用2支小扦子将其穿成2串。在平底锅中倒入适量的橄榄油，将鸡肉串放入平底锅中，每面煎3分钟后取出。

○ 取1只空碗，放入藜麦、煎好的鸡肉串、剩余的橙子果肉以及香葱末。最后依个人口味倒入适量酸醋沙司（参见导言部分）即可。

香葱半把

藜麦金枪鱼芝麻菜拼盘

 10分钟

 15分钟

 1人份

藜麦 80 克

野生金枪鱼罐头 1 盒

○ 将藜麦洗净后按照包装袋上的说明煮熟，沥干水后取出。在煮藜麦的同时，将鸡蛋放入水中煮5~6分钟，然后取出，沥干水后，去壳并对半切开备用。将野生金枪鱼取出，沥去浮油备用。

柠檬 1 个

芝麻菜 1 把

○ 将柠檬去皮，取出果肉。取一半的柠檬果肉切碎，与沥干水后的藜麦混合，并加入盐和胡椒粉调味。将芝麻菜洗净备用。

○ 取1只空碗，放入拌好的藜麦混合物、剩余的柠檬果肉、芝麻菜、对半切开的鸡蛋以及野生金枪鱼。最后依个人口味倒入适量酸醋沙司（参见导言部分）即可。

鸡蛋 1 个

大葱费塔拌野米

 10 分钟

 45 分钟

 1 人份

野米 100 克

大葱 1 棵

○ 将野米洗净后按照包装袋上的说明煮熟并沥干水备用。将香葱洗净、切碎，并将柠檬挤汁备用。

香葱半把

生菜、菠菜等的混合菜 1 把

○ 在煮野米的同时，将大葱洗净并切成薄片。在锅中倒入适量橄榄油、柠檬汁、盐和胡椒粉，将切好的大葱片放入锅中，用中火翻炒3分钟后，再用小火炖煮5分钟左右。

费塔奶酪（丁）10 块

柠檬半个

○ 取1只空碗，放入沥干水后的野米以及烹制好的大葱片，搅拌均匀，并加入切好的费塔奶酪碎块、洗净的混合菜以及香葱碎即可。

咖喱菠菜

10 分钟

30 分钟

1 人份

糙米 100 克

圆叶菠菜 2 大把

○ 将糙米洗净后按照包装袋上的说明煮熟备用。

香蕉半根

咖喱粉半茶匙

○ 将香蕉去皮后切成小圆片。取 1 口平底锅，在锅中倒入适量的橄榄油，加入切好的香蕉片，每面用中火煎2分钟后取出备用。

○ 将圆叶菠菜洗净后，与意大利乳清干酪、咖喱粉一起放入煮锅中，用文火煮熟，并加入盐和胡椒粉调味。

意大利乳清干酪半罐

香菜 3 根

○ 取 1 只空碗，放入沥干水后的糙米、用咖喱煮好的圆叶菠菜，以及煎好的香蕉片。最后，撒上洗净并切成段的香菜即可。

黑米甘蓝虾拼盘

 10 分钟

 30 分钟

 1 人份

黑米 70 克

红虾 10 只

○ 将黑米洗净后按照包装袋上的说明煮熟并沥干水分备用。

紫甘蓝少许

柠檬 1 个

○ 将煮熟的红虾去壳，将柠檬洗净并切成4瓣，取2瓣柠檬挤汁备用，然后将紫甘蓝洗净、切丝，将香葱洗净、切碎备用。接着将牛油果切开，去除核与皮后，将果肉切成小丁，并浇上少许柠檬汁。

牛油果 1 个

香葱少许

○ 取1只空碗，放入沥干水后的黑米、红虾、2瓣柠檬、牛油果丁以及紫甘蓝丝，并撒上香葱碎末。最后，依个人口味倒入适量酸醋沙司（参见导言部分）即可。

糙米苹果甘蓝拼盘

🔪 10 分钟

🍲 30 分钟

☺ 1 人份

糙米 100 克

鸡蛋 1 个

○ 将糙米洗净后按照包装袋上的说明煮熟，然后沥干水分备用。

紫甘蓝少许

茴香（小）半棵

○ 将紫甘蓝洗净、切丝，然后将茴香去根、洗净，并用切片器切成薄片备用。将苹果洗净，对半切开后去核，并切成小丁备用。

○ 在平底锅中加入适量的橄榄油，将鸡蛋煎3~4分钟后取出备用。

苹果半个

橄榄油适量

○ 取1只空碗，依次放入糙米、煎蛋以及紫甘蓝丝、茴香片、苹果丁。最后，依个人口味倒入适量酸醋沙司（参见导言部分）即可。

绿扁豆甜菜南瓜拼盘

 15 分钟

 35 分钟

 2 人份

绿扁豆 120 克

熟甜菜半头

小南瓜 450 克

细叶芹 1 根

费塔奶酪（丁）15 块

橄榄油适量

○ 开启烤箱并将其预热至200℃。将小南瓜洗净，对半切开后，再切成细条。在平板上铺上油纸，放上切好的南瓜条，并浇上适量的橄榄油，撒上盐和胡椒粉后，放入烤箱中烘烤35分钟。

○ 在烘烤南瓜的同时，将绿扁豆洗净，并按照包装袋上的说明煮熟，沥干水后取出备用。将熟甜菜切成小丁备用。

○ 取2只空碗，分别放入煮熟的绿扁豆、熟甜菜丁以及烤好的南瓜条，再在2只碗中分别撒入弄碎的费塔奶酪和洗净并撕碎的细叶芹。最后，依个人口味倒入适量酸醋沙司（参见导言部分）即可。

蘑菇玉米粥

 5分钟

 10分钟

 2人份

即食玉米粥 130 克

帕尔马干酪丝 4 汤匙

蘑菇 300 克

橄榄油适量

香醋适量

香芹 3 根

○ 将香芹洗净后切碎。将蘑菇去根，洗净后切块备用。

○ 在平底锅中倒入适量橄榄油，放入蘑菇块，煎炒5分钟后，加入香醋、盐、胡椒粉以及一半的香芹碎。

○ 在煮锅中加入600毫升水，煮沸，缓慢倒入即食玉米粥，文火煮3分钟，并随时搅拌。加入盐、胡椒粉调味后，倒入蘑菇块，并撒上帕尔马干酪丝即可。

鹰嘴豆三文鱼拼盘

 10分钟

 拌匀即可

 1人份

罐装鹰嘴豆半罐

黄瓜少许

○ 将鹰嘴豆取出，洗净并沥干水分。将黄瓜洗净、去皮后切成薄片，再将茴香去根、洗净并切成薄片备用。

○ 将薄荷叶洗净，切成碎末后与鹰嘴豆放在一起，搅拌均匀备用。

茴香（小）半棵

薄荷2株

○ 取1只空碗，放入鹰嘴豆、黄瓜片、茴香片、熏三文鱼片。将半个青柠檬洗净后对半切开，也放入碗中。最后，依个人口味倒入适量酸醋沙司（参见导言部分）即可。

熏三文鱼1片

青柠檬半个

芦笋菜花意面

 10 分钟

 25 分钟

 1 人份

意大利通心粉 100 克

芦笋半把

大白菜少许

红辣椒半个

○ 将意大利通心粉按照包装袋上的说明煮熟。

○ 将芦笋洗净、去皮后，放入盐水中煮4~5分钟，沥干水后取出备用。

○ 将大白菜洗净后切成条，并将红辣椒洗净、切丝备用。

○ 取1口平底锅，倒入适量芝麻油，将大白菜条放入锅中，加入红辣椒丝及2汤匙水，翻炒7~9分钟。将鸡蛋打入锅中，与大白菜条一起翻炒。

○ 在锅中加入沥干水后的意大利通心粉和芦笋，炒熟后出锅，最后加入盐和胡椒粉调味即可。

鸡蛋 1 个

芝麻油适量

石榴芝麻拌甘蓝

15 分钟

3 分钟

1 人份

胡萝卜 1 根

绿甘蓝少许

○ 将石榴切开，小心取出石榴子备用。将胡萝卜洗净、去皮后切成细条，将绿甘蓝洗净并切成薄片备用。将柠檬挤汁，然后将芝麻子放入平底锅中干炒，炒熟后取出备用。

石榴半个

芝麻子 2.5 汤匙

○ 取 1 只空碗，将绿甘蓝片与胡萝卜条放入后混合，加入柠檬汁、2 汤匙芝麻子、少许橄榄油以及盐、胡椒粉后，充分搅拌均匀。

○ 最后，将石榴子和剩下的芝麻子撒在表面即可。

柠檬半个   橄榄油适量

119

菠菜炒小土豆

 10分钟

 20分钟

 1人份

圆叶菠菜 2 大把

小土豆 15 个

○ 将小土豆洗净后放入盛有盐水的煮锅中煮15分钟，沥干水分后取出，去皮备用。

芝麻油适量

全麦谷物面包 1 片

○ 在煮小土豆的同时，将大蒜去皮、切碎，并将全麦谷物面包切成小丁。向平底锅中倒入适量芝麻油，放入全麦谷物面包丁，并加入盐和胡椒粉翻炒，直至全麦谷物面包丁变松脆后出锅。

○ 继续在平底锅中倒入适量芝麻油，并放入洗净的圆叶菠菜和大蒜碎，翻炒4~5分钟后出锅，倒入1只空碗中，并加入煮好的小土豆、盐、胡椒粉以及炒制好的全麦谷物面包丁即可。

大蒜 1 瓣

扁豆胡萝卜汤

 10 分钟

 25 分钟

 2 人份

红扁豆 80 克

蔬菜汤块 1 块

○ 将红扁豆洗净后按照包装袋上的说明煮熟，沥干水后备用。

胡萝卜 5 根

酸奶半杯

○ 将胡萝卜洗净、去皮后切成圆片。在煮锅中加入1升水，放入蔬菜汤块，并加入胡萝卜片，用文火炖煮25分钟（可与煮红扁豆同时进行）。

○ 将烤箱预热至180℃，放入全麦谷物面包片，将其烤至金黄色后取出，撕成碎块备用。

细孜然粉 1 茶匙

全麦谷物面包 2 薄片

○ 取2只空碗，将胡萝卜片取出并分别放入2只碗中，然后再分别加入酸奶、细孜然粉、盐和胡椒粉混合。在2只碗中分别倒入蔬菜汤，直至汤汁变得浓稠。最后，加入红扁豆和烤好的面包碎块即可。

夏季水果沙拉

15 分钟

拌匀即可

2 人份

西瓜 2 片

绿甜瓜 2 片

○ 择取薄荷叶，将其洗净后备用。

○ 将西瓜、绿甜瓜、杧果去皮，并给西瓜和绿甜瓜去子，给杧果去核，取出果肉。然后将上述水果切丁备用。将青柠檬洗净，取皮切碎。

薄荷 2 株

青柠檬 1 个

○ 取2只空碗，分别放入切好的水果丁以及薄荷叶，最后撒上一些青柠檬皮碎即可。

杧果 1 个

烤水果沙拉

 15分钟

 25分钟

 2人份

苹果 3 个

桃子 2 个

○ 开启烤箱并将其预热至180℃。将苹果、桃子、覆盆子洗净。取1只空碗，在碗中倒入奇亚子和4汤匙水。

蔗糖 2 汤匙

奇亚子 1 汤匙

○ 将苹果去皮后对半切开，去除果核后，将每瓣苹果再切成4瓣，放入碗中备用。将桃子对半切开并去核，然后将其与覆盆子一同放入碗中。

覆盆子 1 盒

薄荷 2 株

○ 在碗中的水果上撒上蔗糖后，放入烤箱烤制25分钟，并不时搅拌，以避免靠近边上的水果熟得过快。将烤制好的水果取出，静置冷却后，撒上洗净并切碎的薄荷叶即可。

菠萝布丁

 10分钟准备，6小时静置

 拌匀即可

 2人份

奇亚子4汤匙

香蕉半根

○ 将2片菠萝片切成小丁备用。

○ 取1只大碗，倒入扁桃浆、奇亚子、槐花蜂蜜，以及切好的菠萝丁混合均匀，并将混合物分别倒入2只碗中。将2只碗放入冰箱里，静置6个小时。

扁桃浆250毫升

菠萝4薄片

○ 从冰箱中将制作好的布丁取出。将香蕉去皮后切成小圆片，与剩余的2片菠萝片共同放在布丁表面即可。

槐花蜂蜜2汤匙

甜点

香蕉百香果布丁

10 分钟准备，4 小时静置

3～5 分钟

2 人份

香蕉 3 根

百香果 1 个

槐花蜂蜜 2 汤匙

榛子奶 150 毫升

香草精 1 茶匙

椰肉 2 汤匙

○ 将椰肉放入平底锅中干炒，炒熟后取出备用。将香蕉去皮后切成小圆片备用。

○ 将香蕉片、榛子奶、香草精和槐花蜂蜜放入搅拌机中搅拌。取1个空的塑料食品盒，将混合物倒入盒中，然后放入冰箱静置4个小时，并用叉子不时搅拌。

○ 将百香果对半切开，取出果肉备用。将混合物从冰箱中取出，搅拌软化后，分别倒入2只空碗中。最后，在2只碗中分别加入百香果果肉并撒上炒制好的椰肉即可。

香蕉橙子布丁

 10分钟准备，4小时静置

 拌匀即可

 2人份

香蕉3根

橙子（小）1个

○ 将香蕉去皮后切成小圆片，将橙子去皮后取出果肉备用。

○ 将香蕉片、橙子果肉、原味酸奶以及槐花蜂蜜混合并搅拌均匀。

槐花蜂蜜3汤匙

榛子仁10颗

○ 取1个空的塑料食品盒，将混合物倒入盒中，然后放入冰箱静置4个小时，并用叉子不时搅拌。

○ 将榛子仁切碎，并将混合物从冰箱中取出，搅拌软化后，将其倒入2只空碗中。最后在2只碗中分别撒入榛子仁碎即可。

原味酸奶1杯

甜点

椰乳奇异果布丁

 10 分钟准备，4 小时静置

 3～5 分钟

 2 人份

椰乳 150 毫升

奇异果 2 个

杏仁片 2 汤匙

香蕉 2 根

槐花蜂蜜 2 汤匙

○ 将杏仁片放入平底锅中干炒，炒熟后取出备用。将奇异果和香蕉去皮后，切成圆片备用。

○ 将奇异果片、香蕉片、椰乳、槐花蜂蜜混合并搅拌均匀。

○ 取 1 个空的塑料食品盒，将混合物倒入盒中，然后放入冰箱静置 4 个小时，并用叉子不时搅拌。

○ 将混合物从冰箱中取出，待搅拌软化后，分别将其倒入 2 只空碗中，并分别撒上炒制好的杏仁片即可。

巧克力夹心烤苹果

 15分钟

 40分钟

☺ 2人份

苹果 3 个

糕点黑巧克力 100 克

桂皮粉 3 撮

榛子仁 10 颗

蔗糖 1.5 汤匙

○ 开启烤箱并将其预热至180℃。将苹果洗净后切去顶部并去核，然后将其放入铺有油纸的烤盘中备用。

○ 在每个去核的苹果中加入半汤匙蔗糖和1撮桂皮粉，然后盖上切去的顶部，并放入烤箱烤制40分钟，然后取出。

○ 在烤制苹果的同时，将榛子仁切碎，放在平底锅中干炒，炒熟，并将糕点黑巧克力隔水加热至熔化。

○ 将熔化的糕点黑巧克力液倒入苹果中，撒上干炒好的榛子仁碎，并重新盖上切去的苹果顶即可。

烤菠萝

 5分钟

 33分钟

 2人份

菠萝 3 片

百香果 1 个

○ 开启烤箱并将其预热至190℃。将菠萝片放在抹有黄油的烤盘中备用。

黄油 15 克

燕麦片 4 汤匙

○ 在煮锅中放入蔗糖和黄油,加热至其熔化后,加入洗净的燕麦片混合。将混合物倒在菠萝片上,要完全盖过菠萝片。将做好的菠萝片放入烤箱中烤制30分钟后取出。

○ 将百香果对半切开,取出果肉备用。取1个空盘子,将烤制好的菠萝片放入盘中,并将百香果肉撒在表面即可。

蔗糖 8 汤匙

苹果香蕉泥

 10分钟

 13分钟

 2人份

苹果 3 个

香蕉半根

○ 将糕点黑巧克力切碎备用。将苹果洗净、去皮、去核后切成小丁，将香蕉去皮后切成小丁备用。将杏仁片放在平底锅中干炒，炒熟，将柠檬挤汁，然后取出香草荚中的香草豆备用。

香草荚半根

糕点黑巧克力 2 小块

○ 在煮锅中倒入水果丁、香草豆、50毫升水以及1汤匙柠檬汁，煮沸10分钟，并不时搅拌。

○ 将温热的混合物倒入空碗中，撒上切碎的糕点黑巧克力以及杏仁片即可。

柠檬半个

杏仁片 1 汤匙

141

配料索引

白菜
芦笋菜花意面…………117

百里香
百里香煎土豆…………87

百香果
状元元气套餐…………23
香蕉百香果布丁…………131
烤菠萝…………139

扁豆
椰乳红扁豆鸡肉拼盘…………75
绿扁豆三文鱼小茴香拼盘…………77
绿扁豆甜菜南瓜拼盘…………111
扁豆胡萝卜汤…………123

扁桃浆
樱桃杏仁粥…………13
菠萝布丁…………129

薄荷
夏季水果沙拉…………125
烤水果沙拉…………127

菠萝
牛油果菠萝奶昔…………41
菠萝布丁…………129
烤菠萝…………139

菜花
野米菜花拼盘…………71

草莓
草莓奶昔…………31

橙子
樱桃杏仁粥…………13
橙子椰奶布丁…………21
橙子巧克力甜品…………49
藜麦鸡肉橙子拼盘…………99
香蕉橙子布丁…………133

刺山柑花蕾
干酪金枪鱼面…………65

粗粒小麦粉
塔布雷沙拉…………79

大葱
大葱费塔拌野米…………103

番茄
干酪金枪鱼面…………65
薰鲭鱼面…………67
塔布雷沙拉…………79

费塔奶酪
全麦甜菜费塔奶酪拼盘…………53
大葱费塔拌野米…………103
绿扁豆甜菜南瓜拼盘…………111

蜂蜜
苹果榛子粥…………15
杏干谷物棒…………43
菠萝布丁…………129
香蕉百香果布丁…………131
香蕉橙子布丁…………133
椰乳奇异果布丁…………135

覆盆子
覆盆子奶昔…………37
覆盆子能量球…………47
烤水果沙拉…………127

咖喱
菠菜咖喱糙米拌饭…………69
沙丁鱼咖喱慕斯…………85
咖喱菠菜…………105

干无花果
谷物干果酸奶…………27

无花果椰蓉能量球…………45
覆盆子能量球…………47

桂皮粉
椰枣雪梨粥…………11
橙子椰奶布丁…………21
巧克力夹心烤苹果…………137

红椒
薰鲭鱼面…………67
野米菜花拼盘…………71

红萝卜
牛油果红萝卜面包片…………93

胡萝卜
全麦胡萝卜鸡蛋拼盘…………55
牛油果胡萝卜煎土豆拼盘…………63
石榴芝麻拌甘蓝…………119
扁豆胡萝卜汤…………123

黄瓜
全麦胡萝卜鸡蛋拼盘…………55
牛油果小土豆藜麦拼盘…………57
藜麦黄瓜芝麻拼盘…………61
塔布雷沙拉…………79
鹰嘴豆三文鱼拼盘…………115

黄油
沙丁鱼咖喱慕斯…………85

茴香
糙米苹果甘蓝拼盘…………109
鹰嘴豆三文鱼拼盘…………115

鸡蛋
北欧面包片…………17
蘑菇鸡蛋卷…………19
状元元气套餐…………23
南瓜香蕉薄饼…………29
全麦胡萝卜鸡蛋拼盘…………55
藜麦黄瓜芝麻拼盘…………61
百里香煎土豆…………87
鸡蛋牛油果面包片…………91
藜麦金枪鱼芝麻拼盘…………101
糙米苹果甘蓝拼盘…………109
芦笋菜花意面…………117

鸡肉
椰乳红扁豆鸡肉拼盘…………75
藜麦鸡肉橙子拼盘…………99

金枪鱼
干酪金枪鱼面…………65
藜麦金枪鱼芝麻拼盘…………101

可可粉
可可奶昔…………39
覆盆子能量球…………47

辣椒
椰乳红扁豆鸡肉拼盘…………75
芦笋菜花意面…………117

蓝莓
蓝莓杏仁面包片…………95

梨
椰枣雪梨粥…………11

藜麦
牛油果小土豆藜麦拼盘…………57
藜麦三文鱼甘蓝拼盘…………59
藜麦鸡肉橙子拼盘…………99
藜麦金枪鱼芝麻拼盘…………101

芦笋
芦笋菜花意面…………117

罗勒
干酪金枪鱼面…………65

薰鲭鱼面…………67

绿甘蓝
石榴芝麻拌甘蓝…………119

杧果
夏季水果沙拉…………125

米类
椰枣雪梨粥…………11
菠菜咖喱糙米拌饭…………69
野米菜花拼盘…………71
大葱费塔拌野米…………103
咖喱菠菜…………105
黑米甘蓝虾拼盘…………107
糙米苹果甘蓝拼盘…………109

面包
北欧面包片…………17
状元元气套餐…………23
黑麦奇异果酸奶…………25
塔布雷沙拉…………79
鸡蛋牛油果面包片…………91
牛油果红萝卜面包片…………93
蓝莓杏仁面包片…………95
香蕉芝麻酱面包片…………97
菠菜炒小土豆…………121
扁豆胡萝卜汤…………123

面食
干酪金枪鱼面…………65
芦笋菜花意面…………117

蘑菇
蘑菇鸡蛋卷…………19
全麦甜菜费塔奶酪拼盘…………53
蘑菇玉米粥…………113

南瓜
南瓜香蕉薄饼…………29

柠檬
牛油果菠萝奶昔…………41
无花果椰蓉能量球…………45
牛油果小土豆藜麦拼盘…………57
菠菜咖喱糙米拌饭…………69
西蓝花牛油果鹰嘴豆拼盘…………73
夏季水果沙拉…………125

牛油果
覆盆子奶昔…………37
牛油果菠萝奶昔…………41
牛油果小土豆藜麦拼盘…………57
藜麦黄瓜芝麻拼盘…………61
牛油果胡萝卜煎土豆拼盘…………63
西蓝花牛油果鹰嘴豆拼盘…………73
牛油果柠檬鹰嘴豆调味酱…………83
鸡蛋牛油果面包片…………91
牛油果红萝卜面包片…………93
黑米甘蓝虾拼盘…………107

苹果
苹果榛子粥…………15
沙丁鱼咖喱慕斯…………85
糙米苹果甘蓝拼盘…………109
烤水果沙拉…………127
巧克力夹心烤苹果…………137
苹果香蕉泥…………141

葡萄干
苹果榛子粥…………15

杏干谷物棒…………43

奇亚籽
橙子椰奶布丁…………21
草莓奶昔…………31
樱桃奶昔…………33
覆盆子奶昔…………37
可可奶昔…………39
牛油果菠萝奶昔…………41
橙子巧克力甜品…………49
蓝莓杏仁面包片…………95
烤水果沙拉…………127
菠萝布丁…………129

奇异果
黑麦奇异果酸奶…………25
奇异果奶昔…………35
椰乳奇异果布丁…………135

巧克力
橙子巧克力甜品…………49
椰枣巧克力板…………51
香蕉芝麻酱面包片…………97
巧克力夹心烤苹果…………137
苹果香蕉泥…………141

茄子
藜麦三文鱼甘蓝拼盘…………59

鲭鱼
薰鲭鱼面…………67

全麦
全麦甜菜费塔奶酪拼盘…………53
全麦胡萝卜鸡蛋拼盘…………55

沙丁鱼
沙丁鱼咖喱慕斯…………85

生菜
牛油果胡萝卜煎土豆拼盘…………63

生菜、菠菜等的混合菜
全麦甜菜费塔奶酪拼盘…………53
野米菜花拼盘…………71
大葱费塔拌野米…………103

石榴
可可奶昔…………39
石榴芝麻拌甘蓝…………119

酸奶
状元元气套餐…………23
黑麦奇异果酸奶…………25
谷物干果酸奶…………27
草莓奶昔…………31
扁豆胡萝卜汤…………123
香蕉橙子布丁…………133

桃子
烤水果沙拉…………127

甜菜
全麦甜菜费塔奶酪拼盘…………53
藜麦黄瓜芝麻拼盘…………61
绿扁豆甜菜南瓜拼盘…………111

甜瓜
夏季水果沙拉…………125

土豆
牛油果小土豆藜麦拼盘…………57
牛油果胡萝卜煎土豆拼盘…………63
百里香煎土豆…………87
菠菜炒小土豆…………121

西瓜
夏季水果沙拉…………125

西蓝花
北欧面包片…………17

西蓝花牛油果鹰嘴豆拼盘⋯⋯73
虾
黑米甘蓝虾拼盘⋯⋯⋯⋯107
香菜
牛油果小土豆藜麦拼盘⋯⋯57
野米菜花拼盘⋯⋯⋯⋯71
椰乳红扁豆鸡肉拼盘⋯⋯75
咖喱菠菜⋯⋯⋯⋯⋯105
香葱
全麦胡萝卜鸡蛋拼盘⋯⋯55
藜麦三文鱼甘蓝拼盘⋯⋯59
藜麦鸡肉橙子拼盘⋯⋯99
大葱费塔拌野米⋯⋯⋯103
黑米甘蓝虾拼盘⋯⋯⋯107
香蕉
状元元气套餐⋯⋯⋯⋯23
南瓜香蕉薄饼⋯⋯⋯⋯29
草莓奶昔⋯⋯⋯⋯⋯31
樱桃奶昔⋯⋯⋯⋯⋯33
奇异果奶昔⋯⋯⋯⋯35
覆盆子奶昔⋯⋯⋯⋯37
可可奶昔⋯⋯⋯⋯⋯39
牛油果菠萝奶昔⋯⋯⋯41
香蕉芝麻酱面包片⋯⋯97
咖喱菠菜⋯⋯⋯⋯⋯105
菠萝布丁⋯⋯⋯⋯⋯129
香蕉百香果布丁⋯⋯⋯131
香蕉橙子布丁⋯⋯⋯133
椰乳奇异果布丁⋯⋯⋯135
苹果香蕉泥⋯⋯⋯⋯141
香芹
西蓝花牛油果鹰嘴豆拼盘⋯73
塔布雷沙拉⋯⋯⋯⋯79
油炸鹰嘴豆饼⋯⋯⋯89
向日葵子
谷物干果酸奶⋯⋯⋯⋯27
小茴香
绿扁豆三文鱼小茴香拼盘⋯77
鸡蛋牛油果面包片⋯⋯91
小南瓜
绿扁豆甜菜南瓜拼盘⋯111
杏干
杏干谷物棒⋯⋯⋯⋯43
杏仁
椰枣雪梨粥⋯⋯⋯⋯11
樱桃杏仁粥⋯⋯⋯⋯13
北欧面包片⋯⋯⋯⋯17
樱桃奶昔⋯⋯⋯⋯⋯33
杏干谷物棒⋯⋯⋯⋯43
酱油炒谷麦⋯⋯⋯⋯81
蓝莓杏仁面包片⋯⋯⋯95
椰乳奇异果布丁⋯⋯⋯135
苹果香蕉泥⋯⋯⋯⋯141
黑三文鱼
北欧面包片⋯⋯⋯⋯17
藜麦三文鱼甘蓝拼盘⋯59
绿扁豆三文鱼小茴香拼盘⋯77
鹰嘴豆三文鱼拼盘⋯⋯115
燕麦片
椰枣雪梨粥⋯⋯⋯⋯11
樱桃杏仁粥⋯⋯⋯⋯13
苹果榛子粥⋯⋯⋯⋯15
谷物干果酸奶⋯⋯⋯⋯27
杏干谷物棒⋯⋯⋯⋯43
无花果椰蓉能量球⋯⋯45

覆盆子能量球⋯⋯⋯⋯47
橙子巧克力甜品⋯⋯⋯49
酱油炒谷麦⋯⋯⋯⋯81
烤菠萝⋯⋯⋯⋯⋯139
椰奶
橙子椰奶布丁⋯⋯⋯⋯21
牛油果菠萝奶昔⋯⋯⋯41
菠菜咖喱糙米拌饭⋯⋯69
椰肉
状元元气套餐⋯⋯⋯⋯23
草莓奶昔⋯⋯⋯⋯⋯31
奇异果奶昔⋯⋯⋯⋯35
无花果椰蓉能量球⋯⋯45
香蕉百香果布丁⋯⋯⋯131
椰乳
樱桃奶昔⋯⋯⋯⋯⋯33
奇异果奶昔⋯⋯⋯⋯35
覆盆子奶昔⋯⋯⋯⋯37
可可奶昔⋯⋯⋯⋯⋯39
椰乳红扁豆鸡肉拼盘⋯⋯75
椰乳奇异果布丁⋯⋯⋯135
椰油
杏干谷物棒⋯⋯⋯⋯43
酱油炒谷麦⋯⋯⋯⋯81
椰枣
椰枣雪梨粥⋯⋯⋯⋯11
椰枣巧克力板⋯⋯⋯⋯51
意大利乳清干酪
干酪金枪鱼面⋯⋯⋯⋯65
咖喱菠菜⋯⋯⋯⋯⋯105
樱桃
樱桃杏仁粥⋯⋯⋯⋯13
樱桃奶昔⋯⋯⋯⋯⋯33
鹰嘴豆
牛油果柠檬鹰嘴豆调味酱⋯83
油炸鹰嘴豆饼⋯⋯⋯89
鹰嘴豆三文鱼拼盘⋯⋯115
玉米粥
蘑菇玉米粥⋯⋯⋯⋯113
圆叶菠菜
蘑菇鸡蛋卷⋯⋯⋯⋯19
菠菜咖喱糙米拌饭⋯⋯69
咖喱菠菜⋯⋯⋯⋯⋯105
菠菜炒小土豆⋯⋯⋯121
榛子奶
香蕉百香果布丁⋯⋯⋯131
榛子仁
苹果榛子粥⋯⋯⋯⋯15
覆盆子能量球⋯⋯⋯⋯47
椰枣巧克力板⋯⋯⋯⋯51
绿扁豆三文鱼小茴香拼盘⋯77
香蕉橙子布丁⋯⋯⋯133
巧克力夹心烤苹果⋯⋯137
芝麻
谷物干果酸奶⋯⋯⋯⋯27
覆盆子奶昔⋯⋯⋯⋯37
藜麦黄瓜芝麻拼盘⋯⋯61
牛油果胡萝卜煎土豆拼盘⋯63
酱油炒谷麦⋯⋯⋯⋯81
石榴芝麻拌甘蓝⋯⋯⋯119
芝麻菜
藜麦金枪鱼芝麻菜拼盘⋯101
芝麻酱
牛油果柠檬鹰嘴豆调味酱⋯83

香蕉芝麻酱面包片⋯⋯⋯97
芝麻油
牛油果柠檬鹰嘴豆调味酱⋯83
芦笋菜花意面⋯⋯⋯117
菠菜炒小土豆⋯⋯⋯121
紫甘蓝
黑米甘蓝虾拼盘⋯⋯⋯107
糙米苹果甘蓝拼盘⋯⋯109
孜然粉
西蓝花牛油果鹰嘴豆拼盘⋯73
牛油果柠檬鹰嘴豆调味酱⋯83
油炸鹰嘴豆饼⋯⋯⋯89
扁豆胡萝卜汤⋯⋯⋯123

图书在版编目（CIP）数据

减压能量餐 /（法）莱纳·克努森著 ；（法）理查德·布坦摄影 ；贾政轩译. — 北京 ：北京美术摄影出版社，2018.12

（超级简单）

书名原文：Super Facile Energie

ISBN 978-7-5592-0185-0

Ⅰ. ①减… Ⅱ. ①莱… ②理… ③贾… Ⅲ. ①食谱 Ⅳ. ①TS972.12

中国版本图书馆CIP数据核字 (2018) 第212570号

北京市版权局著作权合同登记号：01-2018-2839

责任编辑：董维东
助理编辑：刘　莎
责任印制：彭军芳

超级简单

减压能量餐

JIANYA NENGLIANG CAN

[法] 莱纳·克努森　著

[法] 理查德·布坦　摄影

贾政轩　译

出　版　北京出版集团公司
　　　　北京美术摄影出版社
地　址　北京北三环中路6号
邮　编　100120
网　址　www.bph.com.cn
总发行　北京出版集团公司
发　行　京版北美（北京）文化艺术传媒有限公司
经　销　新华书店
印　刷　鸿博昊天科技有限公司
版印次　2018 年 12 月第 1 版第 1 次印刷
开　本　635 毫米 × 965 毫米　1/32
印　张　4.5
字　数　50 千字
书　号　ISBN 978-7-5592-0185-0
定　价　59.00 元
如有印装质量问题，由本社负责调换
质量监督电话　010-58572393